成长红绿灯之安全伴你行

# 儿童日常安全

郑术焱 编著

旅游教育出版社

责任编辑：何玲

**图书在版编目（CIP）数据**

儿童日常安全 / 郑术焱编著． -- 北京 ： 旅游教育
出版社， 2017.11
（成长红绿灯之安全伴你行）
ISBN 978-7-5637-3644-7

Ⅰ．①儿… Ⅱ．①郑… Ⅲ．①安全教育－儿童读物
Ⅳ．① X956-49

中国版本图书馆 CIP 数据核字（2017）第 262333 号

成长红绿灯之安全伴你行

# 儿童日常安全

郑术焱　编著

**出版单位：** 旅游教育出版社
**地　　址：** 北京市朝阳区定福庄南里 1 号
**邮　　编：** 100024
**发行电话：**（010）65778403　65728372　65767462（传真）
**本社网址：** www.tepcb.com
**E－mail：** tepfx@163.com
**印刷单位：** 三河市南阳印刷有限公司
**经销单位：** 新华书店
**开　　本：** 210×222　　1/12
**印　　张：** 17
**字　　数：** 250 千字
**版　　次：** 2017 年 12 月第 1 版
**印　　次：** 2017 年 12 月第 1 次印刷
**定　　价：** 49.00 元

# 目录

孩子们都是纯真的，所以他们眼中的世界都是美好的。然而，现实生活中潜藏着很多安全隐患。这就需要家长们正确地指导孩子，从而防患于未然。这是一部儿童安全教育童话绘本，旨在通过故事和图画的形式，让孩子们提高安全意识，学会保护自己。希望本书能成为家长的好帮手，孩子的好伙伴。

# 歪歪猴的"新滑梯"

## （不能把楼梯扶手当滑梯）

小朋友，楼梯扶手大多很窄，一旁也没有护栏，把它当作滑梯非常危险。

放学了，小朋友们
争先恐后地跑出了教
室，楼梯上一下子变得
非常拥挤。

"真是太挤了！"歪歪猴皱皱眉头，
看到了楼梯旁光滑的扶手，他眼前一亮。

楼梯的扶手好光滑，就像是歪歪猴最喜欢的滑梯！"咦，要是从扶手上滑下去，就可以抢在其他小朋友的前面下楼了！"

　　歪歪猴正想从楼梯扶手上滑下去，被长颈鹿阿姨发现了，"歪歪猴，太危险了！"长颈鹿阿姨严肃地说，"从楼梯上摔下去可不是闹着玩儿的！"

6

听完长颈鹿阿姨的话，歪歪猴又乖乖地回到了队伍中，和大家一起慢慢下楼。

# 别急，别急，停稳了

（玩跷跷板要当心）

玩跷跷板的时候，最好有爸爸妈妈陪在身边，这样可以更好地保护大家的安全。

美美兔和小猪圈圈约好去玩跷跷板，一下课他们就朝着跷跷板飞快地跑了过去。

9

　　美美兔和小猪圈圈正玩得开心，歪歪猴突然跑了过来，大声喊道："喂，我们一起玩好吗？"

美美兔刚想提醒他："别急，等停稳了！"
歪歪猴就迫不及待地爬上了跷跷板，跷跷板的
重心突然失去了平衡，坐在另一头的美美兔重
重地摔到了地上。

长颈鹿阿姨扶起了美美兔，然后严厉地批评了歪歪猴，
歪歪猴红着脸说："我错了，美美兔，对不起！"

# 滑梯上面挤呀挤

## （玩滑梯要小心）

在滑梯上推挤很容易将小朋友碰倒、磕伤，所以大家在玩滑梯时，一定要排好队，懂得谦让，遵守秩序，这样才能保证安全哦！

在幼儿园里，小猫皮皮最喜欢玩滑梯了，一下课，他就飞快地跑到滑梯前，可是今天滑梯旁的小朋友可真多！

15

滑梯前面排起了长长的队伍，看着慢吞吞的"长蛇阵"，小猫皮皮真着急！

又过了好长一段时间，小猫皮皮才来到了滑梯的平台上，这时，他再也忍不住了，使劲儿地向前挤了挤。

长颈鹿老师看到了，提醒小猫皮皮说："孩子，千万不能和小朋友在滑梯平台上相互打闹、拥挤，很容易发生意外的！"

18

听完长颈鹿老师的话，小猫皮皮认认真真地排起了队！

# 上下楼，慢慢走

## （走楼梯时不要着急）

上下楼的时候，不能打闹，更不能蹦蹦跳跳，因为这样非常容易摔倒，有时候还会扭伤我们的脚呢！

放学了，小猫皮皮和歪歪猴背着书包，手牵着手，
一起走出了教室。

　　小猫皮皮和歪歪猴来到了楼梯前面，歪歪猴突然朝着小猫皮皮调皮地眨眨眼睛，神秘地说："皮皮，我们来玩个游戏好吗？"

歪歪猴刚说完，就开始从楼梯上一个台阶一个台阶往下跳，一边跳，一边兴奋地对小猫皮皮说："快来呀，真是太好玩了！"

小猫皮皮摇摇头，赶忙阻止他：
"歪歪猴，你又淘气了！长颈鹿阿姨
说过，上下楼梯的时候要慢慢走，不
然很容易摔伤的！"

24

听了小猫皮皮的话，歪歪猴
红着脸低下了头。

# 圈圈削铅笔

## （削铅笔的时候要当心小刀）

小朋友们使用小刀削铅笔的时候一定要当心，因为小刀非常锋利，一不小心就会把手指割破，对我们的身体造成伤害。

长颈鹿阿姨正在教小朋友们画画，可是熊猫贝贝不小心弄断了自己的铅笔，这可怎么办呢？熊猫贝贝好着急。

　　"贝贝，不要着急，"一旁的小猪圈圈安慰他，"我这里有小刀，来，让我帮你削铅笔吧！"

"圈圈，谢谢你！"熊猫贝贝感激地说，"不过用小刀削铅笔的时候，一定要当心！"

熊猫贝贝话音刚落，突然听到小猪圈圈"哎哟"一声，他的手指被小刀割破了！

30

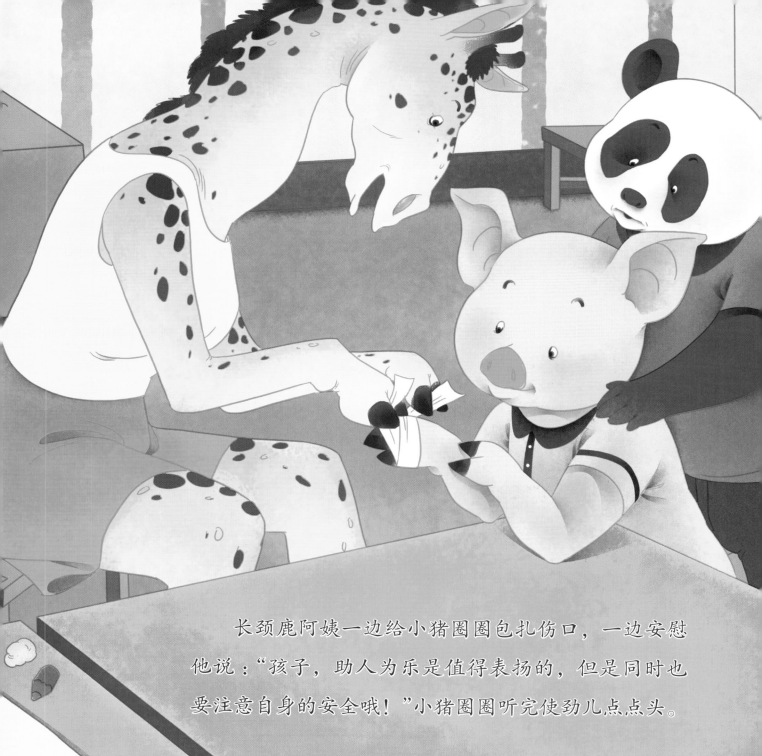

长颈鹿阿姨一边给小猪圈圈包扎伤口，一边安慰他说："孩子，助人为乐是值得表扬的，但是同时也要注意自身的安全哦！"小猪圈圈听完使劲儿点点头。

# 贝贝脸红了

（ 下楼的时候不要推搡嬉闹 ）

小朋友们下楼的时候，不能推搡嬉闹，以免使自己和其他的小朋友受到伤害。

放学了，熊猫贝贝兴冲冲地跑出教室。哎呀，楼梯上好拥挤！小朋友们都排着队，慢慢走下楼梯。

熊猫贝贝排在了
队伍的最后面，看着慢腾
腾的队伍，他觉得好无聊！

咦，前面不是小猫皮皮吗？熊猫贝贝伸手拍拍皮皮的肩膀说："喂，我们来玩游戏好吗？咱俩比一比，看谁先跑下楼梯！"

"不行呀，贝贝！"小猫皮皮说，"长颈鹿阿姨说了，下楼的时候不能推搡嬉闹，这样不安全！"

36

"好的，皮皮，"熊猫贝贝红着脸说，
"谢谢你的提醒！"

# 叠罗汉真危险

## （不要玩叠罗汉游戏）

叠罗汉游戏很危险，小孩子身体娇嫩，承受能力有限，叠罗汉容易使中间或者底层的孩子发生意外。

活动课上，歪歪猴、小猫皮皮、小猪圈圈还有美美兔一起玩老鹰抓小鸡的游戏，他们玩得可开心了！

不一会儿，歪歪猴有点不耐烦了，他说：
"我们换个游戏好吗？""可是玩什么好呢？"
大家的目光都投向了歪歪猴。

"要不我们玩叠罗汉吧！"
歪歪猴刚说完，就向小猪圈圈扑
了过去，"哎哟！"小猪圈圈摔
倒在地上。

"我来了！"小猫皮皮也跑过去，
叠了上去。小猪圈圈被压在最下面，
张开嘴巴，大口大口地喘着气。

　　"你们这么做太危险了，"美美兔气呼呼地说，"会让小猪圈圈受伤的！"听完美美兔的话，小猫皮皮和歪歪猴扶起了小猪圈圈，并向他道了歉。

# 皮皮画圆圈

## （不要随便玩圆规）

　　小朋友不要随便拿着圆规玩耍，因为圆规的底部有钢针，不小心会扎伤我们，造成不必要的伤害。

小猫皮皮总是喜欢乱翻姐姐的书包，一天，他从姐姐的书包里发现了一个圆规。

小猫皮皮想起了姐姐只要拿起圆规，就可以在白纸上画出圆圈来，真是太好玩了！

　　小猫皮皮溜进爸爸的书房里，取出了一张白纸，拿着圆规学着姐姐的样子画起了圆圈，可是怎么都画不圆，他急得满头大汗！

小猫皮皮拿着圆规跑到姐姐面前，说："姐姐，帮我画个圆圈好吗？我怎么都画不好……"

姐姐严肃地说："皮皮，以后不能随便拿我的圆规玩，它会扎伤你的！"小猫皮皮点点头，乖乖地把圆规放到了姐姐的手中。

# 当电闪雷鸣时

## 〈打雷时不要躲在大树下〉

　　打雷下雨的时候，不能躲在大树下。因为树木会把空中的雷电引到地面上。要是躲在大树下，很容易触电！

熊猫贝贝和爸爸正在野炊，突然天上飘过一片乌云。

开始打雷了，轰隆隆的雷声，真可怕！

"看样子要下雨了,"熊猫
贝贝说,"爸爸,我们快去大树
下避雨吧!"

不好，远处的大树被雷电击中，树干全都被烧焦了！"好险呀！"熊猫贝贝吓得直哆嗦，赶忙扑进爸爸的怀里。

# 哇！真想去钓鱼呀！

## （雷雨天不要去钓鱼）

雷雨天是不能钓鱼的，因为雨水会把雷电引到水面上，这个时候钓鱼，是很容易触电的！

　　一个夏日的午后，天空突然乌云密布，紧接着响起了轰隆隆的雷声。

不一会儿，豆大的雨滴就噼里啪啦地落了下来！

池塘里很快蓄满了水。"一定会有好多鱼！"
小猫皮皮兴奋地说，"妈妈，妈妈，我要去钓鱼喽！"

妈妈拦住了小猫皮皮："孩子，雷雨天是不能钓鱼的！"

小猫皮皮沮丧地说："呜呜，我有一个坏妈妈！"

雨停了，妈妈带着小猫皮皮在池塘里钓到了很多鱼，
小猫皮皮开心极了："哈哈，我有一个好妈妈！"

61

# 路边的野花可别采哟

## （当心花粉过敏）

野花不仅容易使人过敏，有的还含有剧毒，如果误食了它们，会危及生命呢！

春天到了，幼儿园组织小朋友们去春游。大家在长颈鹿阿姨的带领下，排起了长长的队伍。

小草真绿呀！路边的小
花也绽开了一张张笑脸。

美美兔想，要是能编一个
花环戴在头上，一定很漂亮！

美美兔兴高采烈地采野花，突然发现胳膊上长出了好多小红疙瘩，"好痒呀！"

唉，原来是沾到花粉过敏了！
看来，路边的野花可不能随便采呀！

# 哼，小火苗
## 有什么了不起

（不要在树林里玩火）

在野外玩火非常危险，因为火势一旦蔓延起来，
有可能会引起森林火灾，危及财产和生命安全！

秋天到了，歪歪猴和小猪圈圈一起去郊游。

　　黄色的树叶落了一地，就像是一条厚厚的毯子。歪歪猴心想：
树叶燃烧的样子是不是很有趣呢？这样想着，他便拿出了火柴，
想要点燃一片树叶。

小猪圈圈看到了，赶忙阻止歪歪猴，可歪歪猴就是不服气："哼，小小的火苗有什么了不起！"

72

"小火苗也会长大，而且还会引起森林大火呢！"小猪圈圈斩钉截铁地说。听完小猪圈圈的话，歪歪猴赶紧放下了手中的火柴。

# 危险的泥石流

## （夏天去野外要当心泥石流）

夏天是泥石流和山洪的多发季节，在这个时候，大家最好不要到河沟里玩耍！

晚上，熊猫贝贝和妈妈坐在沙发上看电视。

熊猫贝贝突然指着电视大喊：
"妈妈，快看！"

看到电视里瞬间被淹没的小桥，熊猫贝贝吓得扑进妈妈的怀里："妈妈，好可怕！"

妈妈告诉熊猫贝贝："孩子，这是危险的泥石流，遇到泥石流的时候千万不能在河沟里逗留，要赶快往山坡上跑！"

听完妈妈的话，熊猫贝贝使劲儿地点点头："妈妈，我明白了！"

# 采呀采呀，采蘑菇

（野蘑菇可不要随便吃）

野炊的时候，千万不要随意采食野生蘑菇，因为有的野蘑菇含有剧毒，如果不小心误食了，会危及生命！

雨过天晴，美美兔跟着妈妈去森林里采蘑菇。

草丛里的蘑菇争先恐后
地探出小脑袋，像一把把美
丽的小雨伞！

美美兔突然发现了
一个色彩鲜艳的蘑菇，
"妈妈，这个蘑菇好漂
亮，一定很美味！"

妈妈阻止美美兔："孩子，漂亮的蘑菇一般都有毒，是不能食用的！"

美美兔赶忙扔掉毒蘑菇：
"这个蘑菇好可怕！"

# 惹不起的马蜂

## （当心马蜂窝）

马蜂的身上长着一根有力的毒刺，如果招惹了它们，它们就会用毒刺蜇伤我们，严重的还有可能导致死亡呢！

清晨，熊猫贝贝
和爸爸一起去树林里
散步。

突然，贝贝发现树干上挂着一团黑乎乎的东西，于是好奇地问："爸爸，这是什么呀？"

"孩子，这是马蜂窝。"
爸爸回答。

"爸爸，马蜂窝是马蜂的家吗？"
熊猫贝贝兴奋地说，"我想去参观一下！"

"这可不行！"爸爸紧张地说，
"惹怒了马蜂可不是闹着玩儿的！"

# 小鸟，能去你家做客吗

## （不要攀爬树木）

攀爬树木是一种非常危险的行为，因为万一从树上掉下来，不仅会摔疼，还有可能造成骨折呢！

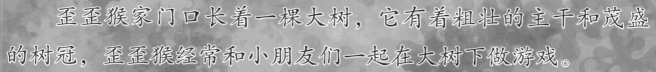

　　歪歪猴家门口长着一棵大树，它有着粗壮的主干和茂盛的树冠，歪歪猴经常和小朋友们一起在大树下做游戏。

93

一天早晨，歪歪猴突然听到了清脆的鸣叫声，原来是一群小鸟在大树上安了家！

"小鸟，你好！我能去你家做客吗？"歪歪猴一边笑眯眯地和小鸟打招呼，一边抬起脚，想要爬上大树。

妈妈看到了，生气地说："歪歪猴，快点儿下来，从树上摔下来，很容易受伤的！"

听完妈妈的话，歪歪猴不好意思地说："妈妈，我只是想参观一下小鸟的家！"

97

# 峭壁上红彤彤的山楂

## （悬崖边的野果不要采）

爬山的时候，千万不要采摘悬崖边的野果，万一失足滑落山崖，会危及生命呢！

秋天，小猪圈圈跟着爸爸去爬山，爬到山顶时，
圈圈累得呼哧呼哧直喘粗气。

突然，小猪圈圈看到陡峭的悬崖上长满了野生的山楂树，红彤彤的果实在枝头张开了笑脸，漂亮极了！

"爸爸，摘山楂喽！"小猪圈圈一边跑，一边喊，"我要拿回家送给妈妈！"

"危险！"爸爸紧紧抱住圈圈说，"孩子，不能随便采摘悬崖边的野果，万一失足滑落悬崖，后果不堪设想呀！"

小猪圈圈望着脚下的悬崖，擦了擦额头上的汗说："好险啊！"

# 去海洋馆

## （在拥挤的人群中要自觉排队）

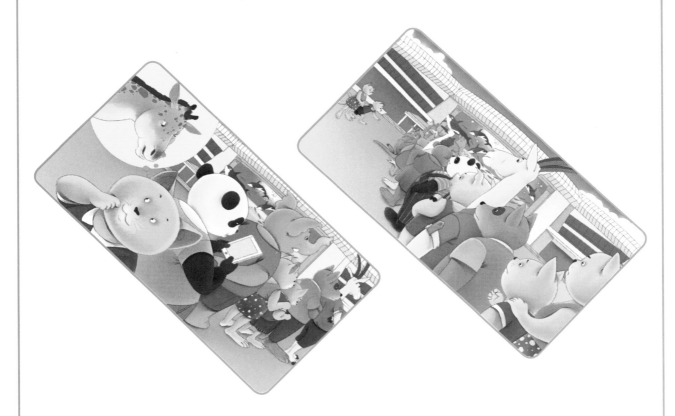

　　游玩时，要遵守秩序，自觉排队。人多时，不要拥挤，也不要俯身捡东西或者系鞋带，以防被踩伤。

周末，妈妈带着小猫皮皮去海洋馆。

105

呀，人好多！海洋馆窄窄的入口前面排起了长长的队伍。

小猫皮皮真想早点看到大白鲨呀！

不过，长颈鹿阿姨说过，在拥挤的人群中一定要遵守秩序，自觉排队，要不然会引起踩踏事故，是非常危险的！

小猫皮皮虽然很着急，但还是认认真真地排起了队。

# 参观电视塔

## （不能在电梯里上蹦下跳）

我们乘坐电梯的时候，千万不要上蹦下跳，因为这样会造成电梯的齿轮组打齿，非常危险。

海岸上建起了一座高高的电视塔，登上电视塔，能看到美丽的海景呢！

一天，长颈鹿阿姨带着小朋友们去参观电视塔，熊猫贝贝非常开心。

大家排着整齐的队伍走进电视塔，长颈鹿阿姨说道："小朋友们，电视塔非常高，我们需要乘坐电梯才能到塔顶呢！"

"到了塔顶是不是就能看到大海了！"熊猫贝贝乐得手舞足蹈。

　　"贝贝，你说的没错，"长颈鹿阿姨说，"不过，一会儿进入电梯，大家可不能上蹦下跳，因为在电梯内跳动会造成电梯的齿轮组打齿，非常危险！"

# 电梯小意外

## （电梯出现故障时不要慌张）

如果电梯发生了故障，一定不能惊慌，要冷静地通过警铃、对讲系统、移动电话或电梯轿厢内的提示方式进行求援。

一天，妈妈带着美美兔乘电梯外出。

117

突然，电梯里一片黑暗，不好，电梯发生了故障！美美兔害怕极了，哇哇大哭起来。

　　"孩子，不要慌！"妈妈一边安慰美美兔，一边按下了电梯上的"紧急情况"按钮，向工作人员求救。不一会儿，工作人员就赶到了，他们耐心地排除了故障，美美兔和妈妈安全地走出了电梯。

120

# 动物园里

（不能把手放进动物笼子里）

　　小朋友去动物园玩，一定要注意安全。不要擅自给动物喂食，也不要将手伸入笼舍内挑逗动物，以免被动物咬伤。

周末，天气晴朗，妈妈带着
歪歪猴去动物园玩。

到了熊猫馆，歪歪猴望着笼子里憨态可掬的大熊猫，把手中的零食塞进了笼子："熊猫宝宝，尝尝我的零食吧！"

妈妈看到后赶忙阻止他，歪歪猴有点不开心地说："妈妈，我只是想和熊猫宝宝一起分享！"

妈妈拍拍歪歪猴的脑袋，说："孩子，这些动物都有着锋利的牙齿和爪子，有时候会伤害你！再说了，熊猫宝宝最喜欢的零食是竹子呀！"

“原来这么危险呀！”
歪歪猴朝妈妈扮了个鬼脸说。

# 海滨之旅

（去海边玩耍要擦上防晒霜）

　　海边的阳光非常强烈，去海边玩耍的时候不仅要涂上防晒霜，还应该戴上遮阳镜，这样就可以保护我们的眼睛不被阳光灼伤了。

暑假到了，爸爸妈妈
带着美美兔去海边度假。

海边的风景真美！
金黄色的沙滩，美丽的
椰子树，美美兔真是太
开心了！不过，海边的
阳光可真强烈，美美兔
都有点睁不开眼睛了！

"妈妈，我要去玩沙子喽！"
美美兔戴上遮阳帽，兴冲冲地向沙
滩跑去。

"美美兔，不要着急呀，来，先帮你涂上防晒霜吧！"妈妈笑着说，"这样就算阳光再强烈，也不会伤害你的皮肤了！"涂上防晒霜的美美兔，在沙滩上玩得可开心了，不时地传出咯咯的笑声！

# 夏日"追逐赛"

## （夏天外出要当心中暑）

夏天的高温天气，容易使人中暑，我们最好不要在烈日下玩耍或行走。同时，一定要记得多喝水，这样才能及时补充出汗流失的水分，防止中暑。

夏天，天气非常闷热，就连树上的知了都热得受不了，扯着嗓门不停地叫。

可是，歪歪猴和小猫皮皮好像
一点儿也不怕热，他们俩在院子里
你追我赶，玩得正起劲儿呢！

突然，小猫皮皮觉得一阵眩晕，幸好歪歪猴眼疾手快，跑过去，扶住了她，要不然小猫皮皮就摔到地上了。

"妈妈，妈妈，快来呀，小猫皮皮生病了！"歪歪猴焦急地喊妈妈出来帮忙。

　　妈妈和歪歪猴一起把小猫皮皮送进了医院。
熊猫医生告诉他们，小猫皮皮中暑了，并且叮嘱
他们夏天一定不能在外面玩得太久！

# 小猪圈圈坐自行车

## （坐在自行车后座上不乱动）

坐在自行车的后座时一定不要乱动，否则很容易失去平衡而摔下车来，或者造成其他伤害。

吃过早饭，爷爷骑着自行车，
载着小猪圈圈去公园玩。

小猪圈圈坐在自行车的后座上，东瞧瞧，西望望，手舞足蹈的，觉得一切都很新鲜。

"哎哟！"小猪圈圈突然发出一声惨叫，
原来他的脚卡在了自行车的轮子里。

爷爷赶忙停下车，细心查看了小猪圈圈的伤势，还好，伤得不严重！

　　"孩子，以后可不能这么淘气了！"爷爷摸着小猪圈圈的头，心疼地说，"乘坐自行车时把脚伸进车轮中非常危险，严重的还会造成骨折呢！"

# 秋日赏红叶

## （下山时不要跑）

下山的时候千万不要跑，因为下山时有很大的冲力，很容易摔跤，甚至会摔下山崖，危及生命！

秋天来了，枫叶变红了，到
处红彤彤的一片，长颈鹿老师
带着小朋友们去山上观赏红叶。

歪歪猴身手敏捷，第一个爬到了山顶，看着还在奋力往上爬的小朋友们，歪歪猴得意极了！

下山的时候，歪歪猴还想
得第一名，于是他朝着山下飞
快地跑去。

跑着跑着，歪歪猴心里害怕起来，
因为他想要停下来，可是双腿怎么也不
听使唤！这时，长颈鹿阿姨冲过去，从
后面紧紧地抱住了歪歪猴。

歪歪猴脱险后，向长颈鹿阿姨道谢，并且承认了
自己的错误："我以后再也不会这么做了！"

# 春游车上

## （坐车不乱跑）

小朋友，乘车的时候千万不能乱跑，因为行驶中的车子会左右颠簸，如果在车上乱跑很容易摔伤。

春天来了，阳光明媚，歪歪猴和小朋友们乘着大巴车去春游。

153

歪歪猴突然发现好朋友美美兔不见了。

"美美兔去哪儿了呢？"歪歪猴焦急地东张西望。

咦，坐在大巴车角落里的，不就是美美兔吗？

155

歪歪猴离开座位向美美兔跑去，车子突然颠了一下，歪歪猴结结实实地摔了个屁股蹲儿。长颈鹿阿姨赶忙扶起他，还好，歪歪猴没有受伤！

"唉，原来乘车时乱跑这么危险呀！"歪歪猴吓得直冒冷汗，
赶忙规规矩矩地坐到了原来的座位上。

# 重要的安全带

## （乘车要系好安全带）

安全带作为汽车的基本防护装置，具有非常重要的作用，它可以将乘客的身体固定在座位上，万一发生意外，可以将伤害程度降到最低！

美美兔一家去郊游，妈妈给美美兔换上了漂亮的花裙子。"妈妈，新裙子好漂亮！"美美兔开心地转了个圈。

美美兔上了车，爸爸嘱咐道："宝贝儿，开车前一定要系好安全带哦！"

"哎呀，系上安全带，肯定会弄皱漂亮的花裙子。"

美美兔不情愿地嘟起了小嘴。

爸爸耐心地解释道："孩子，系好安全带很重要，因为它会在车子急刹车时保护你！"

162

美美兔听了爸爸的话，
乖乖地系好了安全带。

# 去郊游

（坐车的时候不能把头伸出窗外）

坐车时把头和手伸出窗外，是一件非常危险的事情，很容易在两车相会时发生意外！

周末，爸爸、妈妈带着熊猫贝贝去郊游。

郊区的空气非常新鲜，道路两旁都是绿油油的庄稼。

熊猫贝贝趁妈妈不注意，偷偷地把头探出车窗，想呼吸一下新鲜空气。

妈妈发现了，急忙阻止他说："孩子，太危险了！如果遇到对面驶来的车辆，你的头或手正好在窗子外面，就会擦伤，甚至会有生命危险呢！"

168

熊猫贝贝吐吐舌头，赶紧把头缩了回来。

# 去玩滑板车吧

## （不能在马路上玩耍）

马路上的车辆非常多，如果在马路上玩耍，不仅会造成交通拥堵，有时候还会被过往的车辆撞伤，危及生命！

放学了，歪歪猴约美美兔一起去广场上玩滑板车。

广场上的人可真不少，歪歪猴皱皱眉头说："哎呀，广场上的人太多了！咱们还是去马路上玩吧？"美美兔拍手叫道："好啊，好啊，咱们可以跟汽车赛跑了！"

172

嘀嘀嘀……一辆又一辆汽车在他们身边叫了起来，可歪歪猴和美美兔玩得开心极了，一点儿都没有在意！不大一会儿，马路上就停满了大大小小的车辆。

斑马警察走了过来，
用警车把歪歪猴和美美兔
送回了家。

174

不过，歪歪猴和美美兔觉得坐警车一点儿也不好玩，
因为斑马警察一直在批评他们不应该在马路上玩耍呢！

# 红绿灯

《过马路要注意红绿灯》

红绿灯是非常重要的交通信号，我们过马路的时候一定要遵守交通规则：红灯停，绿灯行，看到黄灯等一等！

早上，妈妈送小猪圈圈去幼儿园。

他们来到了一个
十字路口，来来往往
的车辆可真不少！

178

突然，前面的红灯亮了，可是小猪圈圈还是一个
劲儿地往前冲："妈妈，快点儿，我要迟到了！"

妈妈紧紧抓住小猪圈圈的小手："孩子，现在是红灯，闯红灯不仅不文明，还容易造成交通事故呢！"

"我错了，妈妈！"
小猪圈圈红着脸低下了头。

# 急性子的歪歪猴

（过马路的时候不能打闹）

马路上来往的车辆非常多，即便是绿灯，也要左看看，右看看，确认安全后再通过。如果在马路上打闹玩耍，车辆躲避不及，非常容易引发交通事故！

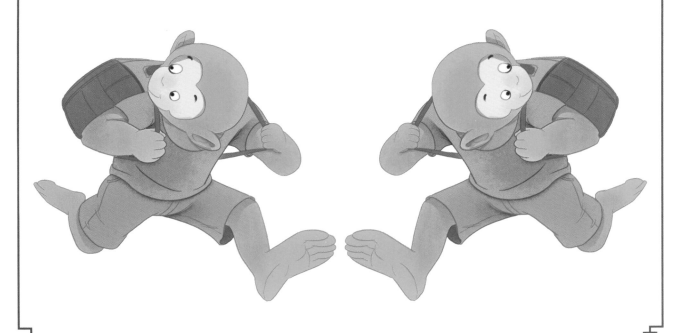

放学了，小朋友们排起了整齐的队伍，在长颈鹿阿姨的护送下走出了园门。

来到一个十字路口，长颈鹿阿姨对大家说："小朋友们，要过马路了，大家一定要注意安全！"

　　看着慢慢往前走的队伍，性急的歪歪猴忍不住了，他拍拍小猪圈圈的肩膀，说："喂，你来追我好吗？"小猪圈圈点点头，他们俩在马路上追打起来。

长颈鹿阿姨拦住他们，说："孩子们，马路上的车辆行人非常多，千万不要玩耍打闹，这样很容易发生交通事故的！"

歪歪猴和小猪圈圈听完，红着脸，
重新回到了队伍中。

# 小猪圈圈买冷饮

## （不要翻越安全护栏）

设置安全护栏，是为了提高道路交通的安全性，改善交通秩序。如果像跨栏运动员那样大展"跨栏"绝技，是非常危险的。

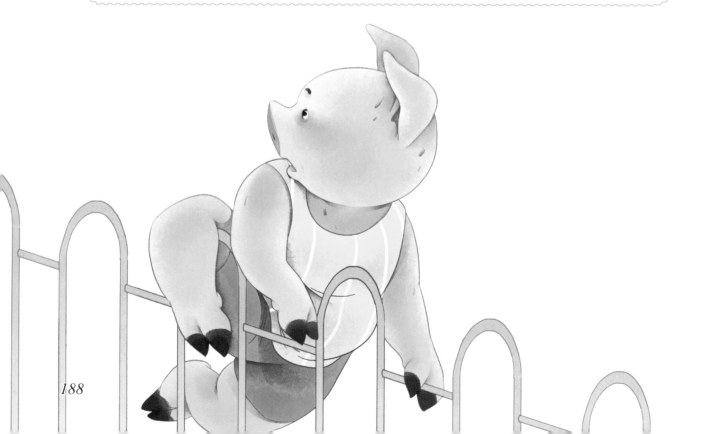

天气真热，小猪圈圈踢完球，累得满头大汗，要是能喝上一杯冰镇汽水，肯定舒服极了！

可是卖冷饮的熊猫爷爷在
马路对面，如果走人行道绕行，
需要很长一段时间呢！

190